危险性较大的分部分项工程专项施工方案严重缺陷清单（试行）（2024版）宣传画册

住房城乡建设部工程质量安全监管司　主编

中国建筑工业出版社

图书在版编目（CIP）数据

危险性较大的分部分项工程专项施工方案严重缺陷清单（试行）（2024版）宣传画册/住房城乡建设部工程质量安全监管司主编. -- 北京：中国建筑工业出版社，2025.2.（2025.6重印）-- ISBN 978-7-112-30877-4

Ⅰ.TU714-64

中国国家版本馆 CIP 数据核字第 2025L5N832 号

责任编辑：张　磊　高　悦
责任校对：赵　力

危险性较大的分部分项工程专项施工方案严重缺陷清单（试行）（2024版）宣传画册
住房城乡建设部工程质量安全监管司　主编
*
中国建筑工业出版社出版、发行（北京海淀三里河路9号）
各地新华书店、建筑书店经销
北京光大印艺文化发展有限公司制版
建工社（河北）印刷有限公司印刷
*
开本：850毫米×1168毫米　横1/32　印张：3⅜　字数：77千字
2025年1月第一版　2025年6月第四次印刷
定价：30.00元
ISBN 978-7-112-30877-4
（44588）

版权所有　翻印必究
如有内容及印装质量问题，请与本社读者服务中心联系
电话：（010）58337283　QQ：2885381756
（地址：北京海淀三里河路9号中国建筑工业出版社604室　邮政编码：100037）

本书编委会

主编单位： 住房城乡建设部工程质量安全监管司

参编单位： 北京市住房和城乡建设委员会

北京城建科技促进会

中国建筑集团有限公司

中国建筑第八工程局有限公司

中国建筑第八工程局有限公司上海公司

中建八局科技建设有限公司

参编人员： 韩　煜　凌振军　周与诚　张爱民　赵　磊

（以下按姓氏笔画排列）

马岩辉　王　军　王凯晖　王学士　毛　杰　卢九章　卢希峰　邢建海

乔聚甫　任　涛　任思澔　刘　军　刘　勇　孙曰增　李　军　李启士

李建设　杨　斌　杨立群　杨希仓　陈　江　陈　红　林文彪　周大伟

周长青　周尔旦　郑仔弟　洪　旭　高乃社　高淑娴　萧　宏　韩　璐

曾庆江　颜　炜　魏铁山

目 录

危险性较大的分部分项工程专项施工方案严重缺陷清单（试行）（2024 版）

一、通用条款　　　　　　　　　　　　　　　　　　　　1

二、基坑工程　　　　　　　　　　　　　　　　　　　　19

三、模板及支撑体系工程　　　　　　　　　　　　　　　25

四、起重吊装及安装拆卸工程　　　　　　　　　　　　　33

五、脚手架工程　　　　　　　　　　　　　　　　　　　45

六、拆除工程　　　　　　　　　　　　　　　　　　　　51

七、暗挖工程　　　　　　　　　　　　　　　　　　　　57

八、建筑幕墙安装工程	69
九、人工挖孔桩工程	77
十、钢结构安装工程	83

危险性较大的分部分项工程专项施工方案严重缺陷清单（试行）（2024版）

一、通用条款

第一条　无工程及周边环境情况描述。

第二条　无施工风险辨识、风险分级及相应的风险管控措施。

第三条　无施工现场布置图和资源配置计划表。

第四条　施工工艺技术不满足设计和现场实际情况。

第五条　无施工安全保证措施（含组织保障措施、技术保障措施、监测监控措施）。

第六条　无施工管理及作业人员配备和分工、安全职责（含施工管理人员、专职安全生产管理人员、建筑施工特种作业人员和其他作业人员）。

第七条　无关键工序检验与验收要求。

第八条 无应急处置措施。

第九条 设计和计算不符合强制性规范要求。

第十条 无相关施工图纸。

第十一条 采用禁止使用的施工工艺、设备和材料。

第十二条 涉及有限空间作业，无通风、有害和可燃气体检测、专人监护等相应安全技术措施。

第十三条 涉及地下水，无地下水控制措施。

第十四条 涉及高空作业，无防高坠安全技术措施。

第十五条 涉及临时用电，无临时施工用电安全技术措施。

第十六条 涉及因建设工程施工可能造成损害的毗邻建筑物、构筑物、道路及地下管线等，无专项防护措施。

第十七条 存在其他重大施工安全风险，但无针对性施工安全保证措施。

二、基坑工程

第一条 未明确土方开挖施工工艺。

第二条 无支护体系施工工艺及要求。

第三条 地下水位之下施工锚杆，无防漏水漏砂措施。

第四条　支撑结构与围护结构未实现有效连接。

第五条　未明确支撑工程拆撑条件及拆撑顺序。

三、模板及支撑体系工程

第一条　爬模无附着支撑、承载体设计。

第二条　滑模无支撑节点构造设计。

第三条　滑模施工无混凝土强度保证及监测措施。

第四条　支撑架基础存在沉陷、坍塌、滑移风险,无防范措施。

第五条　高宽比大于 3 的独立支撑架无架体稳定构造措施。

第六条　模板及支撑体系未明确安装、拆除顺序及安全保证措施。

四、起重吊装及安装拆卸工程

第一条　采用汽车起重机或流动式起重机,未明确站车位置和行走路线,未对支撑面、行走路线的平整度、承载能力进行验算。

第二条　借用既有建筑结构的,未对既有建筑的承载能力进行验算。

第三条　未进行起重机械的选择计算、未明确吊装工艺(至少应包含施工工艺、吊装参数表、机具、吊点及加固、工艺图）。

第四条 架桥机架梁工程，未对纵、横向的稳定性进行校核，未明确支腿的稳固措施。

第五条 起重机械作业安全距离不满足规范要求，覆盖人员密集场所无有效措施。

第六条 多机联合起重工程，未对荷载分配和起重能力进行校核，无多机协调作业的安全技术措施。

第七条 对构件翻身、空中姿态控制、夺吊、递吊等关键环节要求较高的操作技能和配合协调指挥，无工艺描述。

第八条 未对刚性较差的被吊物吊装工况进行力学验算。

第九条 无吊具、索具安全使用说明和起重能力的验算。

第十条 起重机械安装、拆除专项方案中未明确安装拆除方法。

第十一条 现场制作吊耳的，未对吊耳承载能力进行验算。

五、脚手架工程

第一条 脚手架基础或附着结构不满足承载力要求。

第二条 高度超过50米落地脚手架及高度超过20米悬挑脚手架无架体卸荷措施。

第三条 吊挂平台操作架及索网式脚手架工程无搭设和拆除的施工工序设计。

第四条 非标准吊篮无构件规格、材质、连接螺栓、焊缝及连接板的设计要求。

第五条 附着式升降脚手架架体悬臂高度超规范且无加强措施。

六、拆除工程

第一条 施工场区存在需要保护的结构、管线、设施和树木但无相应的安全技术措施。

第二条 无拆除施工作业顺序安排和主要拆除方法。

第三条 影响保留部分结构安全的局部拆除无先加固或者支撑措施。

第四条 无拆除吊运和拆除作业平台（装置、结构、场地）设计或设置。

第五条 采用机械破碎缺口定向倾倒拆除高耸构筑物或者爆破拆除时无预估塌散范围、减振、控制飞散物等安全技术措施。

七、暗挖工程

第一条 矿山法施工，无超前预支护施工的技术参数。

第二条 马头门处无加固措施及开洞顺序。

第三条 无土方开挖与支护结构施工步序图。

第四条 无拆除临时支撑的安全技术措施。

第五条　风险较高的区段（仰挖、俯挖、转弯、挑高、扩宽、平顶直墙、邻近工程等），无施作方法及其安全技术措施。

第六条　无盾构设备选型及适应性、可靠性评估。

第七条　无盾构始发与接收的安全技术措施。

第八条　盾构穿越特殊地段的掘进无安全技术措施。

第九条　盾构开仓作业或临时停机，无开挖面稳定和周边环境保护的安全技术措施。

第十条　无顶管设备选型及适应性评估。

第十一条　无顶管始发与接收的安全技术措施。

八、建筑幕墙安装工程

第一条　无型钢悬挑梁、U形环和锚固螺栓的规格型号。

第二条　非标吊篮无构件规格、材质、连接螺栓、焊缝及连接板设计要求。

第三条　无相关运输设备及设施（轨道吊、轨道吊篮、小吊车、炮车、卸料平台等）的构件规格型号。

第四条　无材料运输、安装设备运输安装工艺。

第五条　采用轨道吊篮时，无吊篮与环轨连接构造；无缆风绳稳固措施。

第六条 同一立面内交叉作业，无安全技术措施。

九、人工挖孔桩工程

第一条 无混凝土护壁施工工序。

第二条 开挖范围内有易塌方地层，无防塌方措施。

第三条 孔底扩孔部位无防塌落措施。

第四条 无防止物体打击措施。

第五条 相邻挖孔桩之间无挖孔和灌注混凝土间隔施工的工序安排。

十、钢结构安装工程

第一条 无起重设备吊装工况分析及未明确起重设备站位和行走路线图。

第二条 无吊具、索具安全使用说明和起重能力的验算。

第三条 对支承流动式起重设备的地面和楼面，尤其是支承面处于边坡或临近边坡时，未对支承面及行走路线的承载能力进行确认，未采取相关安全技术措施。

第四条 对未形成稳定单元体系的安装流水段或结构单元，未及时采取相应的安全技术措施。

第五条 对吊装易变形失稳的构件或吊装单元，未采取防变形措施。

第六条 对被提升、顶升、平移（滑移）或转体的结构，未进行相关的工况分析或采取相应的工艺措施。

第七条 无临时支承结构（含承重脚手架）搭设和拆除施工工艺。

第八条 采用双机抬吊或多机联合起升的，未对荷载分配和额定起重能力进行校核，无双机或多机协调起重作业的安全技术措施。

第九条 无索结构安装张拉力控制标准。

一、通用条款

危险性较大的分部分项工程专项施工方案严重缺陷清单（试行）（2024版）宣传画册

一、通用条款

危险性较大的分部分项工程专项施工方案严重缺陷清单（试行）（2024版）宣传画册

一、通用条款

一、通用条款

危险性较大的分部分项工程专项施工方案严重缺陷清单（试行）（2024版）宣传画册

一、通用条款

危险性较大的分部分项工程专项施工方案严重缺陷清单（试行）（2024版）宣传画册

一、通用条款

一、通用条款

危险性较大的分部分项工程专项施工方案严重缺陷清单（试行）（2024版）宣传画册

一、通用条款

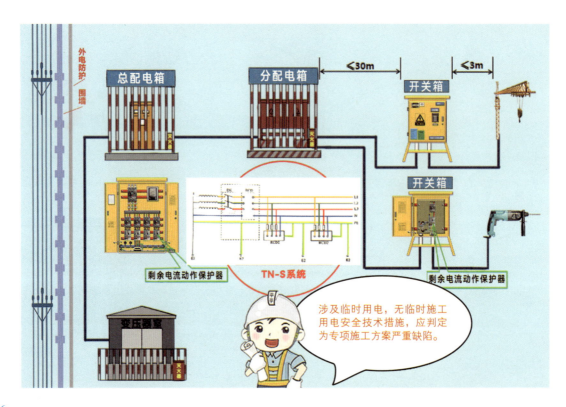

一、通用条款

危险性较大的分部分项工程专项施工方案严重缺陷清单（试行）（2024版）宣传画册

二、基坑工程

危险性较大的分部分项工程专项施工方案严重缺陷清单（试行）（2024版）宣传画册

二、基坑工程

危险性较大的分部分项工程专项施工方案严重缺陷清单（试行）（2024版）宣传画册

二、基坑工程

危险性较大的分部分项工程专项施工方案严重缺陷清单（试行）（2024版）宣传画册

三、模板及支撑体系工程

危险性较大的分部分项工程专项施工方案严重缺陷清单（试行）（2024版）宣传画册

三、模板及支撑体系工程

三、模板及支撑体系工程

三、模板及支撑体系工程

四、起重吊装及安装拆卸工程

危险性较大的分部分项工程专项施工方案严重缺陷清单（试行）（2024版）宣传画册

四、起重吊装及安装拆卸工程

危险性较大的分部分项工程专项施工方案严重缺陷清单（试行）（2024版）宣传画册

四、起重吊装及安装拆卸工程

危险性较大的分部分项工程专项施工方案严重缺陷清单（试行）（2024版）宣传画册

四、起重吊装及安装拆卸工程

四、起重吊装及安装拆卸工程

五、脚手架工程

五、脚手架工程

危险性较大的分部分项工程专项施工方案严重缺陷清单(试行)(2024版)宣传画册

五、脚手架工程

危险性较大的分部分项工程专项施工方案严重缺陷清单（试行）（2024版）宣传画册

六、拆除工程

危险性较大的分部分项工程专项施工方案严重缺陷清单（试行）（2024版）宣传画册

六、拆除工程

危险性较大的分部分项工程专项施工方案严重缺陷清单（试行）（2024版）宣传画册

六、拆除工程

危险性较大的分部分项工程专项施工方案严重缺陷清单（试行）（2024版）宣传画册

七、暗挖工程

危险性较大的分部分项工程专项施工方案严重缺陷清单(试行)(2024版)宣传画册

七、暗挖工程

危险性较大的分部分项工程专项施工方案严重缺陷清单（试行）（2024版）宣传画册

七、暗挖工程

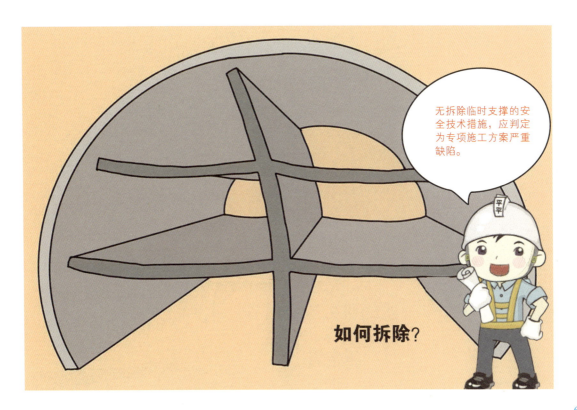

危险性较大的分部分项工程专项施工方案严重缺陷清单（试行）（2024版）宣传画册

七、暗挖工程

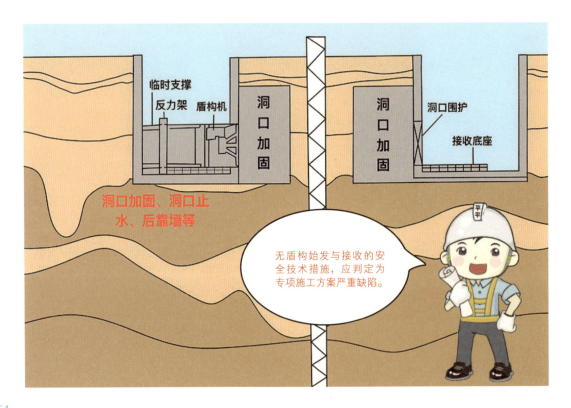

七、暗挖工程

七、暗挖工程

危险性较大的分部分项工程专项施工方案严重缺陷清单（试行）（2024版）宣传画册

八、建筑幕墙安装工程

危险性较大的分部分项工程专项施工方案严重缺陷清单（试行）（2024版）宣传画册

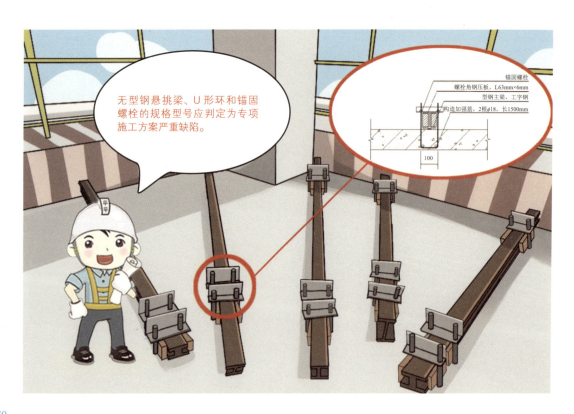

八、建筑幕墙安装工程

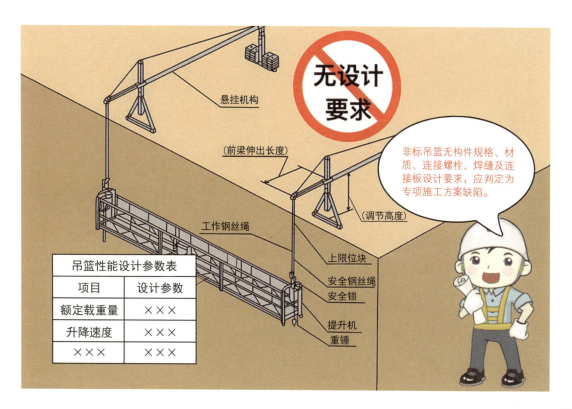

八、建筑幕墙安装工程

八、建筑幕墙安装工程

危险性较大的分部分项工程专项施工方案严重缺陷清单（试行）（2024版）宣传画册

九、人工挖孔桩工程

危险性较大的分部分项工程专项施工方案严重缺陷清单(试行)(2024版)宣传画册

九、人工挖孔桩工程

九、人工挖孔桩工程

危险性较大的分部分项工程专项施工方案严重缺陷清单（试行）（2024版）宣传画册

十、钢结构安装工程

十、钢结构安装工程

危险性较大的分部分项工程专项施工方案严重缺陷清单（试行）（2024版）宣传画册

十、钢结构安装工程

危险性较大的分部分项工程专项施工方案严重缺陷清单（试行）（2024版）宣传画册

十、钢结构安装工程

危险性较大的分部分项工程专项施工方案严重缺陷清单（试行）（2024版）宣传画册

十、钢结构安装工程

危险性较大的分部分项工程专项施工方案严重缺陷清单（试行）（2024版）宣传画册